图解家装细部设计系列

Diagram to domestic outfit detail design

卧室 666 例

Bedroom

主 编：董 君 / 副主编：贾 刚 王 琰 卢海华

中国林业出版社

目录 / Contents

MODERN

现代潮流

创造\实用\空间\简洁\前卫\装饰\艺术\混合\叠加\错位\裂变\解构\新
潮\低调\构造\工艺\功能\创造\实用\空间\简洁\前卫\装饰\艺术\混
合\艺术\混合\叠加\错位\裂变\解构\新潮\低调\构造\工艺\功能\创
造\实用\空间\简洁\前卫\装饰\艺术\混合\叠加\错位\裂变\解构\新
潮\低调\构造\工艺\功能\创造\实用\空间\简洁\前卫\装饰\艺术\混
合\叠加\错位\裂变\解构\新潮\低调\构造\工艺\功能\创造\实用\空
间\简洁\前卫\装饰\艺术\混合\叠加\错位\裂变\解构\新潮\低调\构
造\工艺\功能\简洁\前卫\装饰\艺术\混合\叠加\错位\裂变\解构\新
潮\低调\构造\工艺\功能\创造\实用\空间\简洁\前卫\装饰\艺术\混
合\叠加\错位\裂变\解构\新潮\低调\构造\工艺\功能\创造\实用\空
间\简洁\前卫\装饰\艺术\混合\叠加\错位\裂变\解构\新潮\低调\构
造\工艺\功能\创造\实用\空间\简洁\前卫\装饰\艺术\混合\叠加\错
位\裂变\解构\新潮\低调\构造\工艺\功能\简洁\前卫\装饰\艺术\混
合\叠加\错位\裂变\解构\新潮\低调\构造\工艺\功能\创造\实用\空
间\简洁\前卫\装饰\艺术\混合\叠加\错位\裂变\解构\新潮\低调\构
造\工艺\功能\创造\实用\空间\简洁\前卫\装饰\艺术\混合\叠加\错
位\裂变\解构\新潮\低调\构造\工艺\功能\创造\实用\空间\简洁\前
卫\装饰\艺术\混合\叠加\错位\裂变\解构\新潮\低调\构造\工艺\工
能\简洁\前卫\装饰\艺术\混合\叠加\错位\裂变\解构\新潮\低调\构
造\工艺\功能\创造\实用\空间\简洁\前卫\装饰\艺术\混合\叠加\错
位\裂变\解构\新潮\低调\构造\工艺\功能\创造\实用\空间\简洁\前
卫\装饰\艺术\混合\叠加\错位\裂变\解构\新潮\低调\构造\工艺\工
能\创造\实用\空间\简洁\前卫\装饰\艺术\混合\叠加\错位\裂变\解
构\新潮\低调\构造\工艺\功能\简洁\前卫\装饰\艺术\混合\叠加\错
位\裂变\解构\新潮\低调\构造\工艺\功能\创造\实用\空间\简洁\前卫

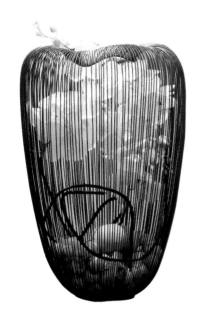

MODERN
现代潮流

简约风格的特色是将设计元素、色彩、照明、原材料简化到最少的程度，但对色彩、材料的质感要求很高。因此，简约的空间设计通常非常含蓄，往往能达到以少胜多、以简胜繁的效果。"艺术创作宜简不宜繁，宜藏不宜露。"这些是对简洁最精辟的阐述。

装饰画为房间增添一抹艺术气息。

实木贴面体现着自然清新。

弧形的吊顶让空间变得柔软而淡雅。

卧室中将窗台的处理成兼具储物的小炕凳。

黑色的背景墙与白色的床头营造出一种强烈对比下的柔和。

卧室兼书房的作用，让空间利用更加高效。

简约中的奢华。

对应大空间的卧室，床幔的使用就变得更加合理。

背景墙和地板的颜色相互呼应。

线形的背景墙丰富了空间的形态。

浅色的壁纸与整体色调统一。

酒店式的主卧营造出一种低调的奢华。

胡桃木的背景墙丰富了空间。

金色的壁纸让空间暖暖地。

粉色的背景墙成为视觉中心。

块状的背景墙让空间细腻而有趣。

错落的吊顶让空间丰富。

多功能的书架满足了阅读的需要。

客厅的背景墙丰富了空间。

简约的空间雅致。

大型落地窗让狭小的客厅通透起来。

米色的大理石让空间变得温暖。

错落的吊顶让空间丰富。

大型落地窗让将户外景色融入到客厅中。

原木的贴面给空间一种自然而恬静的景致。

深色的客厅稳重而大方。

浅色的壁纸与整体色调统一。

带圆弧的隔断让空间柔软起来。

跳跃的背景墙让卧室丰富多彩。

素朴的吊顶给人一种宁静的感觉。

淡雅的卧室给人以宁静。

错落的吊顶让空间变得活跃。

浅色的壁纸让空间简洁明快。

浅蓝色的壁纸让空间简洁明快。

实木贴面给人以自然而宁静。

通透的窗户让小空间的卧室视觉放大。

一张黑白艺术画提升了卧室的格调。

错落的画框让空间活泼而有趣。

浅色的壁纸与整体色调统一。

对称的画框让空间大气而典雅。

对称的背景墙让卧室整洁而简约。

暖色的卧室给人一种温暖如春的感觉。

多层次的吊顶让空间变得更加细腻。

整洁而大气的客厅。

小窗户让小卧室透亮起来。

暖色的卧室给人一种温暖如春的感觉。

整洁的卧室给人以宁静。

陈列柜满足了存放的需要。

浅色系的软包给人以低调的奢华。

多材质的背景墙让卧室更加奢华。

厚重的色彩让卧室更加大气。

细腻的色差让卧室更具精致。

线条的运用让卧室更具细腻。

背景墙的设计使得空间精致而有趣。

浅色的壁纸与整体色调统一。

细腻的色差给人一种典雅的奢华。

富有层次的吊顶让空间错落有致。

清新淡雅的卧室给人以轻松的环境。

乐器的摆放满足不同人群的需要。

对称的背景墙让空间整洁而大气。

浅色条纹壁纸让空间整洁而庄重。

清淡素雅的卧室给人一种和谐之美。

正面的书架满足了不同的需要。

对称的背景墙中，局部的变化使得空间更加细腻。

通透的卧室通过窗帘把空间区分开。

玻璃的使用"增大"了空间。

浅色的壁纸与整体色调统一。

对称的背景墙给人以干净和整洁。

浅色的壁纸与整体色调统一。

复杂的背景墙满足不同人的。

明亮的窗户让空间变得通透。

米黄色的壁纸营造暖暖的氛围。

大面积的原木贴面形成了视觉的中心。

灰白色的背景墙使得空间稳重而大气。

卧室有着大气而富贵的格调。

浅色的背景加上深色的线条使得空间整体和谐统一。

壁灯的妆点让空间活跃起来。

壁柜使得空间更加实用。

简约欧式给人一种时尚富贵的感觉。

尖顶的建筑结构让空间更加有趣。

飘窗的处理让空间更加合理。

白净的空间与浅色的背景墙形成一种和谐之美。

灰色的背景墙让空间更加沉稳。

不对称的感觉营造了一种动静结合。

壁纸有着一种天生的神奇魔力，能为墙面打造出百变妆容。

大幅的壁画给空间带来了生机和活力。

深灰色的调子让空间稳重。

弧形的卧室给空间多种可能。

灰色的调子营造出一份宁静。

深色的卧室稳重而大方。

浅色的壁纸与整体色调统一。

流线型的背景墙让空间跳动起来。

原木的壁柜给空间一种自然而恬静的景致。

深色的调子让卧室稳重而大方。

浅色的壁纸与整体色调统一。

大面积的背景墙成为视觉中心。

细致的线条让空间变得整洁而简约。

橘黄色的灯带给卧室不一样的体验。

黑与白营造了一种洁净的效果。

小方格的电视背景墙提升了空间的品味。

大面积的背景墙成为视觉中心。

自然风貌的大幅挂画活跃了空间。

整洁而合理的空间布局。

通透的隔断延伸了空间。

不规则的卧室有着另外一种感受。

壁纸有着一种天生的神奇魔力，能为墙面打造出百变妆容。

挂画成为视觉中心。

灰白色营造出的卧室空间。

整洁而洁白的空间。

背景墙奇特的处理丰富了画面。

合理的小空间布局。

红色抓住了人们的眼球。

灰白色的处理给人以安详和宁静。

细腻而稳重的卧室。

卧室隔断的处理，丰富了空间。

三个独立窗户让卧室更加透亮和温暖。

波浪的壁纸给卧室一种动感。

弧形的穹顶更卧室更多的可能。

不规则的卧室让空间灵动起来。

多种颜色在卧室的运用。

超强功能的储物隔断，满足不同的需求。

洁净而整洁的空间。

通透的隔断延伸了卧室空间。

大幅玻璃窗增加了空间的采光。

咖啡色的调子。

铁艺的床让空间有着复古的感觉。

黑色点缀下的洁白地卧室。

吊顶的处理让空间不再单调。

墨绿色的壁纸营造出深邃的效果。

复杂的背景墙活跃了空间。

浅灰和黑色的壁纸与白色吊顶营造出和谐的美。

黑色的背景墙让空间稳重。

和谐之美。

深灰色的壁纸与整体色调统一。

大空间处理。

隔断让空间丰富起来。

单人小空间的布局格外精致。

浅色的壁纸与整体色调统一。

复杂的线条给人以高贵。

多层次的线条给空间以细腻和精致。

软包背景墙与整个环境融为一体。

木制的花格营造出一种特别的格调。

浅色的壁纸与整体色调统一。

大面积的玻璃隔断延伸了卧室的视线。

强大功能的壁橱解决储物的需要。

小空间的处理。

壁纸有着一种天生的神奇魔力，能为墙面打造出百变妆容。

浅色的地板和墙面融为一体。

圆形的床别有一番味道。

软包和壁纸完美结合。

水泥石膏板的处理有着自然的美。

实木的墙面和吊顶完美结合。

壁纸有着一种天生的神奇魔力，能为墙面打造出百变妆容。

清晰淡雅的壁画与室内完美配搭。

架子床别有一番韵味。

简洁明快的调子。

架子床别有一番韵味。

隔断的巧妙使用。

隔断的巧妙使用。

整洁而大气的卧室。

原木的贴面给空间一种自然而恬静的景致。

暖色的客厅给人一种温馨和甜蜜。

浅色的壁纸与整体色调统一。

大幅的落地窗把窗外的景致带进室内。

木质背景墙营造出一种自然的和谐。

卧室有种白色洁净的感觉。

壁纸和窗帘相互呼应。

装饰画让空间变得灵动起来。

温馨而自然的气息。

架子床让卧室变得有趣。

下垂的吊灯让卧室变得高贵。

圆形的床营造了几分浪漫。

水泥石膏墙营造了一种生态的感觉。

酒店式的卧房。

精致的卧房，精致的生活。

隔断在卧室中的运用让空间更加合理。

圆弧的背景墙和阶梯状的吊顶营造出一种高贵的华丽。

精致的细节打造出细腻的生活。

实木大床是卧室的视觉中心。

暖暖的色调营造出温馨的感觉。

原木的贴面给空间一种自然而恬静的景致。

金属的线条让空间变得细腻而大方。

软包的床屏让空间显得高贵。

方格状的背景墙成为视觉中心。

深咖啡色的墙裙让卧室稳重而大气。

菱形的背景墙让卧室变得活泼起来。

架子床营造出一种高贵的感觉。

卧室隔断的处理让空间更加丰富。

卧室营造出一种对称而和谐之美。

小空间精致而唯美。

背景墙的处理增加了空间的利用率。

小窗户的处理巧妙而有趣。

原木的背景墙营造出自然的古朴。

简单的装饰营造出奢华的卧室。

浅色的软包与整体色调统一。

法式田园营造出一种复古的生活。

镜面的处理，增大了空间。

吊顶成为卧室中的视觉中心。

繁复的床头背景墙成为视觉的中心。

银色而粗糙的壁纸让空间变得更有层次。

壁柜摆放类大量主人喜好的收藏。

多面的落地窗让空间变得通透。

细腻的背景墙让空间变得华丽。

大幅而富有创造性的背景墙成为卧室视觉中心。

对称而和谐的卧室效果。

简单的生活，简约的设计。

背景墙即起到装饰作用又起到分隔空间的作用。

繁复的卧室效果。

低调而细腻的装饰效果。

大面积的玻璃让小空间变大起来。

温馨而舒适的卧室效果。

简约的设计营造出舒适的生活。

大面积紫色的运用让空间浪漫而又情调。

复古的感觉让卧室高贵起来。

冷色系的调子让卧室显得很洁净。

简约的设计营造出舒适而简单的生活。

原木的贴面给空间一种自然而恬静的景致。

粉色的墙漆营造出浪漫而温馨的氛围。

富有层次的背景墙错落有致。

彩色的背景墙营造出春天般的温暖。

小空间的卧室通过隔断丰富了功能。

对称\简约\朴素\大气\庄重\雅致\恢弘\壮丽\华贵\高大\对比\清雅\含蓄\端庄\对称\简约\朴素\大气\对称\简约\朴素\大气\庄重\雅致\恢弘\壮丽\华贵\高大\对比\清雅\含蓄\端庄\对称\简约\朴素\大气\端庄对称\简约\朴素\大气\庄重\雅致\恢弘\壮丽\华贵\高大\对比\清雅\含蓄\端庄\对称\简约\朴素\大气\对称\简约\朴素\大气\庄重\雅致\恢弘\壮丽\华贵\高大\对比\清雅\含蓄\端庄\对称\简约\朴素\大气\对称\简约\朴素\大气\庄重\雅致\恢弘\壮丽\华贵\高大\对比\清雅\含蓄\端庄\对称\简约\朴素\大气\对称\简约\朴素\大气\庄重\雅致\恢弘\壮丽\华贵\高大\对比\清雅\含蓄\端庄\对称\简约\朴素\大气\端庄对称\简约\朴素\大气\庄重\雅致\恢弘\壮丽\华贵\高大\对比\清雅\含蓄\端庄\对称\简约\朴素\大气\对称\简约\朴素\大气\庄重\雅致\恢弘\壮丽\华贵\高大\对比\清雅\含蓄\端庄\对称\简约\朴素\大气\对称\简约\朴素\大气\庄重\雅致\恢弘\壮丽\华贵\高大\对比\清雅\含蓄\端庄\对称\简约\朴素\大气\端庄对称\简约\朴素\大气\庄重\雅致\恢弘\壮丽\华贵\高大\对比\清雅\含蓄\端庄\对称\简约\朴素\大气\对称\简约\朴素\大气\庄重\雅致\恢弘\壮丽\华贵\高大\对比\清雅\含蓄\端庄\对称\简约\朴素\大气\对称\简约\朴素\大气\庄重\雅致\恢弘\壮丽\华贵\高大\对比\清雅\含蓄\端庄\对称\简约\朴素\大气\端庄对称\简约\朴素\大气\庄重\雅致\恢弘\壮丽\华贵\高大\对比\清雅\含蓄\端庄\对称\简约\朴素\大气\端庄对称\简约\朴素\大气\庄重\雅致\恢弘\壮丽\华贵\高大\对比\清雅\含蓄\端庄\对称\简约\朴素\大气\恢弘\壮丽\华贵\高大\对比\清雅\含蓄\端庄\对称\朴素\大气\恢弘\壮丽\华贵\高大\对比\清雅\含蓄\端庄\对称\庄重

CHINESE
中式典雅

　　雕花、隔扇、镂空是传统的中式风格的装饰物，白色或米黄色的墙面是中式
装修墙面的主要色调，怀旧与情调的搭配、天然与淳朴是中式背景墙的魅力所在，
让人在繁华与喧闹中找到心灵的安静。

平衡对称是中式设计的典型手法。

多功能装饰储藏墙是整个卧室的视觉中心。

花鸟墙画成为视觉中心。

床榻的镜面处理，拉伸了卧室的空间感。

黑白灰营造出宁静的中国风味。

大空间的卧室满足了不同人的不同需要。

架子床的运用让卧室更加有趣。

卧室屋顶的处理营造出一种东南亚的中国风情。

卧室中架子床的配搭，让空间变得饱满。

墙面上的围棋装饰让卧室空间活泼而有趣。

洁净的空间通过灯具的变化，营造出一种对称中的不平衡。

大幅大理石的装饰画突显出一种中式的奢华。

木格栅的背景使得空间动静结合。

中式精致的装饰让生活变得更加美好。

中式风格中夹杂着美式田园的家具，让混搭成为时尚。

床头的挂画给空间一种自然而恬静的景致。

浅木色的贴膜营造出整洁而温馨的感觉。

床头精致的中式花格成为视觉的中心。

中式卧室中混搭着东南亚风格，让空间更加舒适。

简单的搭配营造出高品质的生活。

中式卧室中混搭着日式风格，空间变得更多元化。

中式混搭成为设计的新风尚。

整齐的木格栅成为视觉的中心。

软包的背景墙让整个空间更加温馨大方。

隔断将空间分割利用，满足了生活的多种可能。

中式混搭的设计成为设计的新风尚。

黑白灰中点缀着金色的壁灯，让空间变得鲜亮起来。

隔断将空间分割利用，满足了生活的多种可能。

中式混搭的设计成为设计的新风尚。

软包的背景墙让整个空间更加温馨大方。

超大的卧室，通过隔断将空间分割利用，满足了生活的多种可能。

EUROPEAN

欧式奢华

流动\华丽\浪漫\精美\豪华\富丽\动感\轻快\曲线\典雅\亲切\流动\华丽\浪漫\精美\豪华\富丽\动感\轻快\曲线\典雅\亲切\清秀\精美\雕刻\镶嵌\优雅\品质\圆润\高贵\温馨\流动\华丽\浪漫\精美\豪华\富丽\动感\轻快\曲线\典雅\亲切\流动\华丽\浪漫\精美\豪华\富丽\动感\轻快\曲线\典雅\亲切\清秀\柔美\精湛\雕刻\装饰\镶嵌\优雅\品质\圆润\高贵\温馨\流动\华丽\浪漫\精美\豪华\富丽\动感\轻快\曲线\典雅\亲切\流动\华丽\浪漫\精美\豪华\富丽\动感\轻快\曲线\典雅\亲切\清秀\柔美\精湛\雕刻\装饰\镶嵌\优雅\品质\圆润\高贵\温馨\流动\华丽\浪漫\精美\豪华\富丽\动感\轻快\曲线\典雅\亲切\流动\华丽\浪漫\精美\豪华\富丽\动感\轻快\曲线\典雅\亲切\清秀\柔美\精湛\雕刻\装饰\镶嵌\优雅\品质\圆润\高贵\温馨\流动\华丽\浪漫\精美\豪华\富丽\动感\轻快\曲线\典雅\亲切\流动\华丽\浪漫\精美\豪华\富丽\动感\轻快\曲线\典雅\亲切\清秀\柔美\精湛\雕刻\装饰\镶嵌\优雅\品质\圆润\高贵\温馨\流动\华丽\浪漫\精美\豪华\富丽\动感\轻快\曲线\典雅\亲切\流动\华丽\浪漫\精美\豪华\富丽\动感\轻快\曲线\典雅\亲切\清秀\柔美\精湛\雕刻\装饰\镶嵌\优雅\品质\圆润\高贵\温馨\华丽\浪漫\精美\豪华\富丽\动感\轻快\曲线\典雅\亲切\流动\华丽\浪漫\精美\豪华\富丽\动感\轻快\曲线\典雅\亲切\清秀\柔美\精湛\雕刻\装饰\镶嵌\优雅\品质\圆润\高贵\温馨\华丽\浪漫\精美\豪华\富丽\动感\轻快\曲线\典雅\亲切\流动\华丽\浪漫\精美\豪华\富丽\动感\轻快\曲线\典雅\亲切\清秀\柔美\精湛\雕刻\装饰\镶嵌\优雅\品质\圆润\高贵\温馨\流动\华丽\浪漫\精美\豪华

EUROPEAN
欧式奢华

欧式风格，是一种来自于欧罗巴洲的风格。主要有法式风格、意大利风格、西班牙风格、英式风格、地中海风格、北欧风格等几大流派，是欧洲各国文化传统所表达的强烈的文化内涵。

欧式风格强调以华丽的装饰、浓烈的色彩、精美的造型达到雍容华贵的装饰效果，同时，通过精益求精的细节处理，带给家人不尽的舒适。

镜面背景墙让空间变得更加通透和光亮。

精致而奢华的卧室提升主人的生活品质。

圆形的穹顶让整个空间显得更加高大和华美。

超大的卧室，通过隔断将空间分割利用，满足了生活的多种可能。

软包的背景墙让整个空间更加温馨大方。

欧式混搭的设计成为设计的新风尚。

软包的背景墙让整个空间更加温馨大方。

软包的背景墙提高了整体装修的品质，也满足了生活的多种可能。

软包的背景墙让整个空间更加奢华和高贵。

欧式混搭的设计成为设计的新风尚。

深蓝色的背景墙成为卧室视觉中心。

超大的卧室，通过隔断将空间分割利用，满足了生活的多种可能。

多立克式的柱头在卧室中的应用，让欧式奢华进入日常生活。

欧式混搭的设计成为设计的新风尚。

欧式线条的综合应用让空间变得精致而细腻。

欧式混搭的设计成为设计的新风尚。

欧式混搭的设计成为设计的新风尚。

简约欧式设计营造出一种素朴的感觉。

空间中多种材料的综合运用，让整个空间更加华丽。

超大的卧室，通过隔断将空间分割利用，满足了生活的多种可能。

大面积的吊顶让整个空间显得更加富丽堂皇。

欧式混搭的设计成为设计的新风尚。

软包的背景墙、金色的贴饰让整个空间更加华美。

浅色的调子使得卧室空间更加温馨和浪漫。

简约欧式设计成为设计的新宠儿。

白色帷幔的架子床增加类卧室的私密性。

软包的床头背景墙，让空间变得更加温和。

壁纸有着一种天生的神奇魔力，能为墙面打造出百变妆容。

简洁的欧式设计满足不同人群的多元化的需求。

浅蓝色的背景墙突显出来，成为视觉中心。

圆形的穹顶丰富了空间。

壁纸有着一种天生的神奇魔力，能为墙面打造出百变妆容。

壁纸有着一种天生的神奇魔力，能为墙面打造出百变妆容。

床头的软包成为卧室视觉中心。

壁纸有着一种天生的神奇魔力，能为墙面打造出百变妆容。

多边形的卧室丰富了生活。

简约欧式儿童房的设计让睡觉变得有趣。

欧式混搭的设计成为设计的新风尚。

垂帘的使用让整个空间更加温馨大方。

卧室通过线条的使用，让空间变得更加细腻。

穹顶的处理，满足了欧式风格生活的多种可能。

欧式混搭的设计成为设计的新风尚。

软包的背景墙让整个空间更加温馨大方。

超大的卧室，通过为帷幔将空间分割利用，满足了生活的多种可能。

欧式混搭的小清新，成为设计的新风尚。

奢华的欧式设计满足了高品质生活的需求。

软包的背景墙让整个空间更加温馨大方。

超大的床头的设计，让霸气的床头成为视觉中心。

超大的卧室，满足了生活的多种可能。

精致的欧式背景墙成为视觉中心。

软包的背景墙让整个空间更加温馨大方。

超大的卧室，通过空间分割利用满足了生活的多种可能。

深色的调子营造出一种稳重而沉稳的感觉。

多边形的空间满足不同人群对高品质是生活的追求。

软包的背景墙让整个空间更加温馨大方。

多层次的吊顶让空间变得更加高贵和奢华。

深色的调子营造出一种稳重而沉稳的感觉。

黑色线框的运用让空间变得更加细腻。

大幅的水晶吊灯让空间变得富丽堂皇。

壁纸有着一种天生的神奇魔力，能为墙面打造出百变妆容。

浅色的壁纸与整个环境和谐融洽。

弧形的床头背景墙让空间更加多元。

背景墙的设计让空间变得更富有层次感。

粉色的墙让空间变得浪漫和多彩。

隔断的使用，满足大空间对多种功能空间的需要。

鹿角吊灯使用成为卧室空间的视觉中心。

软包的使用让整个空间变得更柔美和华丽。

背景墙的处理成为视觉的中心。

深蓝色的处理让整个卧室更加高贵。

深色的软包背景墙的处理成为视觉的中心。

帷幔的使用使得空间变得更加细腻。

大型的水晶吊灯成为视觉的中心。

壁纸有着一种天生的神奇魔力，能为墙面打造出百变妆容。

自然＼舒适＼温婉＼内敛＼悠闲＼舒畅＼光挺＼华丽＼朴实＼亲切＼实在＼平衡＼温婉＼内敛＼悠闲＼舒畅＼光挺＼华丽＼自然＼舒适＼温婉＼内敛＼悠闲＼舒畅＼光挺＼华丽＼朴实＼亲切＼实在＼平衡＼温婉＼内敛＼悠闲＼舒畅＼光挺＼华丽＼自然＼舒适＼温婉＼内敛＼悠闲＼舒畅＼光挺＼华丽＼朴实＼亲切＼实在＼平衡＼温婉＼内敛＼悠闲＼舒畅＼光挺＼华丽＼自然＼舒适＼温婉＼内敛＼悠闲＼舒畅＼光挺＼华丽＼朴实＼亲切＼实在＼平衡＼温婉＼内敛＼悠闲＼舒畅＼光挺＼华丽＼温婉＼内敛＼悠闲＼舒畅＼光挺＼华丽＼自然＼舒适＼温婉＼内敛＼悠闲＼舒畅＼光挺＼华丽＼朴实＼亲切＼实在＼平衡＼温婉＼内敛＼悠闲＼舒畅＼光挺＼华丽＼朴实＼亲切＼实在＼平衡＼温婉＼内敛＼悠闲＼舒畅＼光挺＼华丽＼自然＼舒适＼温婉＼内敛＼悠闲＼舒畅＼光挺＼华丽＼朴实＼亲切＼实在＼平衡＼温婉＼内敛＼悠闲＼舒畅＼光挺＼华丽＼朴实＼亲切＼实在＼平衡＼温婉＼内敛＼悠闲＼舒畅＼光挺＼华丽＼自然＼舒适＼温婉＼内敛＼悠闲＼舒畅＼光挺＼华丽＼朴实＼亲切＼实在＼平衡＼温婉＼内敛＼悠闲＼舒畅＼光挺＼华丽＼朴实＼亲切＼实在＼平衡＼温婉＼内敛＼悠闲＼舒畅＼光挺＼华丽＼自然＼舒适＼温婉＼内敛＼悠闲＼舒畅＼光挺＼华丽＼朴实＼亲切＼实在＼平衡＼温婉＼内敛＼悠闲＼舒畅＼光挺＼华丽＼温婉＼内敛＼悠闲＼舒畅＼光挺＼华丽＼朴实＼亲切＼实在＼平衡＼温婉＼内敛＼悠闲＼舒畅＼光挺＼华丽＼自然＼舒适＼温婉＼内敛＼悠闲＼舒畅＼光挺＼华丽＼朴实＼亲切＼实在＼平衡＼温婉＼内敛＼悠闲＼舒畅＼光挺＼华丽＼朴实＼亲切＼实在＼平衡＼温婉＼内敛＼悠闲＼舒畅＼光挺＼华丽＼自然＼舒适＼温婉＼内敛＼悠闲＼舒畅＼光挺＼华丽＼朴实＼亲切＼实在＼平衡＼温婉＼内敛＼悠闲＼舒畅＼光挺＼华丽＼自然＼舒适＼温婉＼内敛＼悠闲＼舒畅＼光挺＼华丽＼朴实＼亲切＼实在＼平衡＼温婉＼内敛＼悠闲＼舒畅＼光挺＼华丽＼朴实＼亲切＼实在＼平衡＼温婉＼内敛＼悠闲＼舒畅＼光挺＼华丽＼自然＼舒适＼温婉＼内敛＼悠闲＼舒畅＼光挺＼华丽＼朴实＼亲切＼实在＼平衡＼温婉＼内敛＼悠闲＼舒畅＼光挺＼华丽＼自然＼舒适＼温婉＼内敛＼悠闲＼舒畅＼光挺＼华丽＼朴实＼亲切＼实在＼平衡＼温婉＼内敛＼悠闲＼舒畅＼光挺＼华丽＼朴实＼亲切＼实在＼平衡＼温婉＼内敛＼悠闲＼舒畅＼光挺＼华丽＼自然＼舒适＼温婉＼内敛＼悠闲＼舒畅＼光挺＼华丽＼朴实＼亲切＼实在＼平衡＼温婉＼内敛＼悠闲＼舒畅＼光挺＼华丽＼自然＼舒适＼温婉＼内敛＼悠闲＼舒畅＼光挺＼华丽＼朴实＼亲切＼实在＼平衡＼温婉＼内敛＼悠闲＼舒畅＼光挺＼华丽＼朴实＼亲切＼实在＼平衡＼温婉＼内敛＼悠闲＼舒畅＼光挺＼华丽＼自然＼舒适＼温婉＼内敛＼悠闲＼舒畅＼光挺＼华丽＼朴实＼亲切＼实

PASTORAL
田园混搭

　　凸显自我、张扬个性的时尚混搭风格已经成为现代人在家居设计中的首选。无常规的空间解构，大胆鲜明、对比强烈的色彩布置，以及刚柔并济的选材搭配，无不让人在冷峻中寻求到一种超现实的平衡，而这种平衡无疑也是对审美单一、居住理念单一、生活方式单一的最有力的抨击。

简约的混搭设计，满足了业主对多种风格的喜好。

简约混搭的设计成为设计的新风尚。

深色的背景墙成为整个视觉中心。

大面积蓝色的运用让空间整洁且宁静。

隔断将空间分割利用，满足了生活的多种可能。

大幅的墙画既起到装饰性作用，又起到功能性作用。

软包的背景墙让整个空间更加温馨大方。

竖线条的壁纸让空间变得干净且大方。

深色的软包背景墙成为视觉中心。

深蓝色的背景墙成为视觉中心。

软包的背景墙让整个空间更加温馨大方。

精细的石膏线条让空间变得更加奢华和唯美。

简欧的卧室设计成为新潮流。

大型的吊灯成满足高空间的需求。

软包和壁纸的完美搭配。

壁纸有着一种天生的神奇魔力，能为墙面打造出百变妆容。

多层次的穹顶满足高层高的需求。

简欧的混搭营造出别致的空间感觉。

深色的背景墙成为整个空间的视觉中心。

圆顶和圆床相互呼应，满足了不同功能的需要。

壁纸有着一种天生的神奇魔力，能为墙面打造出百变妆容。

软包的背景墙让整个空间变得高贵。

壁纸有着一种天生的神奇魔力，能为墙面打造出百变妆容。

竖条状的壁纸在视觉上拉高了层高。

架子床的使用让整个空间变得整洁且与众不同。

圆门的背景墙组成的混搭设计成为设计的新风尚。

背景墙的处理让整个空间更加富有层次感。

超大的卧室,通过隔断将空间分割利用,满足了生活的多种可能。

高端定制的欧式家具提升了整个空间的品位。

精致的吊灯成为整个空间的视觉中心。

深蓝色的背景墙成为整个视觉的中心。

壁纸有着一种天生的神奇魔力，能为墙面打造出百变妆容。

床头橱柜的运用既满足了装饰性，又起到了强大的功能性。

软包的背景墙让整个空间更加温馨大方。

壁纸有着一种天生的神奇魔力，能为墙面打造出多种可能。

水晶吊灯成为整个卧室的视觉中心。

奢华的天花吊顶成为视觉中心。

壁纸有着一种天生的神奇魔力，能为墙面打造出多种可能。

穹顶的处理，让整个卧室变得更加高贵。

壁纸和墙裙的处理，使整个空间变得更加精致。

背景墙的镜面增大了空间的面积。

圆形吊顶的处理让空间更加华美。

壁纸有着一种天生的神奇魔力，能为墙面打造出百变妆容。

背景墙的处理让整个空间变得精细。

紫色的背景墙使得空间神秘且性感。

软包背景墙的处理，能为墙面打造出多种可能。

白墙和圆门一同构成了独特的风景线。

浅蓝色的墙漆增添了些许田园的清新。

背景墙的处理让整个空间更加奢华而精致。

圆弧形的墙裙和卷草碎花壁纸一同营造出温馨的田园情调。

浅蓝色的墙漆增添了些许田园的清新。

田园混搭的设计成为设计的新风尚。

背景墙的处理让整个空间更加奢华而精致。

圆弧形的窗户和粉色的墙漆一同营造出温馨的田园情调。

大面积的黄色成为整个空间的主色调。

田园混搭的设计成为设计的新风尚。

丰富的色彩和卷草纹的壁纸一同营造出了田园的风情。

大面积的落地玻璃增加了室内的采光。

丰富多彩的色彩营造了魔幻般的田园风情。

壁纸有着一种天生的神奇魔力，能为墙面打造出百变妆容。

软包的背景墙让整个空间更加温馨大方。

原木处理的吊顶增加了空间的层次感和厚重感。

壁纸有着一种天生的神奇魔力，能为墙面打造出百变妆容。

黄色的竖纹墙裙成为强烈的视觉冲突。

超大的卧室，通过隔断将空间分割利用，满足了生活的多种可能。

树枝纹的壁纸、铁艺吊灯一同营造出田园格调。

大幅的壁纸装饰画营造出一种春天般的温暖。

鹿角吊灯、鹿角装饰、竖状软包一同营造出田园格调。